思考世界的孩子

如何阻止气候变化？

〔英〕汤姆·杰克逊（Tom Jackson） 著
〔克罗〕德拉更·考迪克（Dragan Kordić） 绘
大南南 译

中国出版集团
中 译 出 版 社

目录

玛利亚娜·林兹博士给小朋友们的一封信：

玛利亚娜·林兹博士
哈佛大学气候科学家

玛利亚娜是气候科学家，研究风和洋流及其因为全球变暖而产生的变化。她与其他科学家一道，致力于探索极端天气现象的成因，并预测未来气候变化的趋势。

世界正面临从未有过的挑战：世界正在不断地、急剧地变化。

在过去数十亿年间，地球经历了各种各样的变化。起初，地球是一团火球，火山岩浆顺流而下；大冰期期间，地球又几乎完全被冰雪覆盖……但这些变化是在长达几百年、几千年甚至上百万年的漫长时间中逐渐发生的。然而此时此刻，地球正在发生剧变，原因就是生活在地球上的我们。

人们如今的生活方式，导致气温急速且显著地上升，影响了地球上的所有生物。我们可以阻止这些变化。选择权在我们手上。

我们可以选择改变现有的生活方式，我们也可以置之不理，任由地球持续升温，导致海平面上升、气候异常、更多动物灭绝、更多植物消失。而最终，人类也将不得不改变生活方式。如果我们一起努力，那么这些灾难是可以避免的。

当你读完这本书，了解了气候变化背后的种种，请一定要大方分享出去，让更多人知道。我们可以做出明智的选择，我们可以选择同心协力，共筑美好未来。

★本书插图系原书插图。

思维导图

本书运用“思维导图”的结构，将大量不同类型的信息连接成“一张思维的地图”，使复杂的话题易于理解。本页的思维导图重点关注“如何阻止气候变化”这个问题，将此主题细分为八个小问题，这些问题同时也是每个章节的主题。

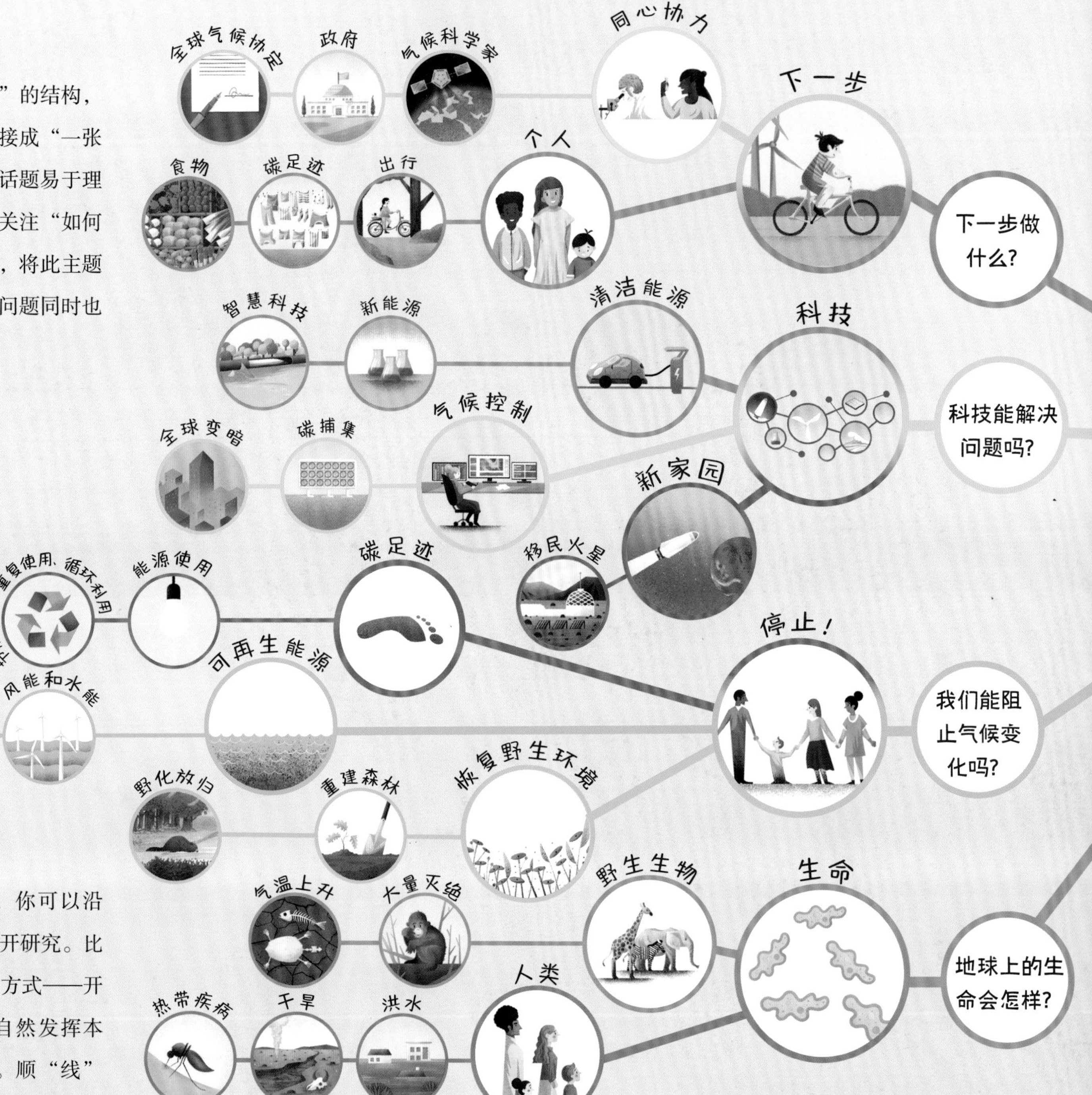

深入探究

对于感兴趣的话题，你可以沿着标记好颜色的线逐一展开研究。比如：阻止气候变化有三种方式——开发利用可再生能源、让自然发挥本身的作用、减少碳足迹。顺“线”摸“瓜”，就可以看到更多细节。

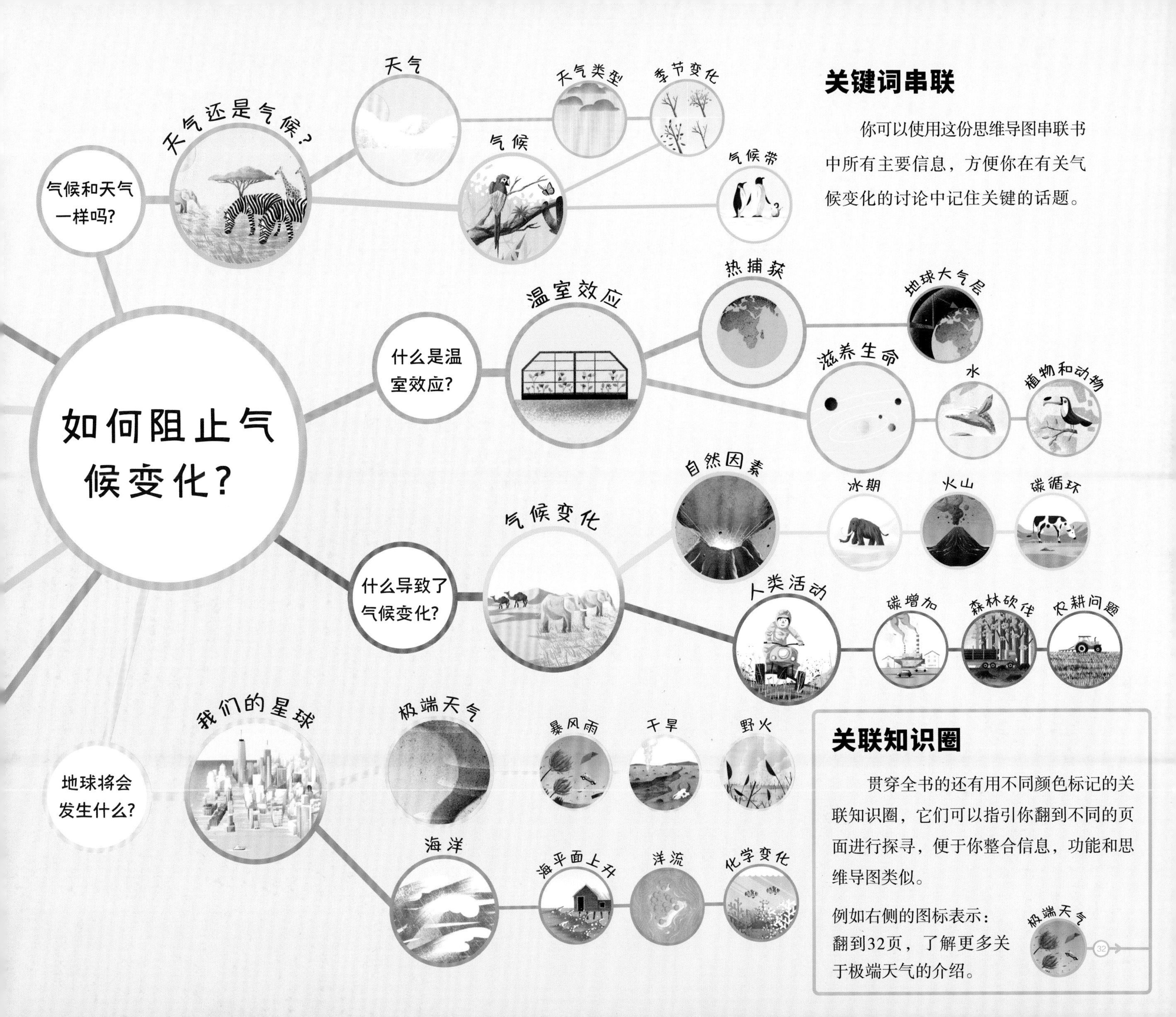

关键词串联

你可以使用这份思维导图串联书中所有主要信息，方便你在有关气候变化的讨论中记住关键的话题。

关联知识圈

贯穿全书的还有用不同颜色标记的关联知识圈，它们可以指引你翻到不同的页面进行探寻，便于你整合信息，功能和思维导图类似。

例如右侧的图标表示：翻到32页，了解更多关于极端天气的介绍。

气候和天气一样吗？

天气和气候是两个不同的概念。天气时时在变、日日在变，但是气候的变化要以很长一段时间为观察标准：数月、数年、上百万年。如今，气候的变化正在影响着天气的变化，越来越多的极端天气也随之出现。

天气还是气候？

天气可以是凉爽的、湿润的；晴朗的、干燥的；严寒或闷热的。这些天气状况影响着人类生活，而且时时刻刻在变化。气候描述的则是在更长的一段时间内缓慢发生的变化。

天气

天气日日可见，时时都在。天气变化受很多因素影响，比如季节变化。

气候

气候是对一个地区在一年或者更长时间内各种天气现象的综合描述。地理位置、所处的气候带等都是影响气候的因素。

6

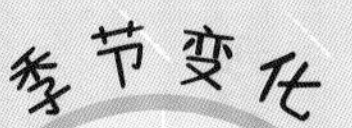

8

气候带

10

天气类型

天气即此时此刻室外的状况，可能是晴空万里，可能是阴雨绵绵，也可能是大雪纷飞、北风呼啸、狂风暴雨……影响天气的因素有很多，比如气流运动、温度、气压等。天气不等同于气候，但极端天气的出现却离不开气候这个推手。

在云的内部

漂浮在空中的尘埃颗粒周围产生云滴和冰晶，当数十亿这样的颗粒集合在一起时，一朵蓬松的云就出现了。

冷凝

水蒸气上升遇冷，凝成水滴，接着形成冰晶，重新集结成云朵。

降水

当组成云的水滴和冰晶过大，就会出现降雨或降雪天气。

径流

大部分雨水都会从陆地流入小河和溪流，最终汇入大海。

水循环

有水，才有天气。大部分水存在于海洋、河流、湖泊和冰层中，只有一小部分留在空气中，在水循环的过程中不断被循环。

蒸发

在太阳的照射下，海洋表面的水分受热蒸发，变成水蒸气，升到空中。

风

空气被太阳加热上升，腾出空间给冷空气，带来空气之间的流动，就形成了风。

超级风暴——飓风

这是世界最强风暴，它们能形成大片螺旋状云，然后快速移动。

32

雪

当组成云朵的云滴变得足够大、足够冷时，会形成冰晶落到地面，这就是下雪。

冰雹

雨滴被风吹到高空，冷冻成冰雹，再“砰砰砰”地落回到地面。

极端天气

当气温和气压发生巨大变化时，破坏力很强的极端天气就产生了：闪电雷暴、飓风、龙卷风、洪水、旱灾……

空气是怎么移动的？

空气是气体，由很多叫作分子的微小颗粒组成。这些分子可以朝四面八方移动，移动的方式由气温和气压决定，冷空气压强大，热空气压强小。

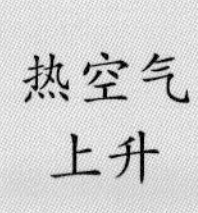

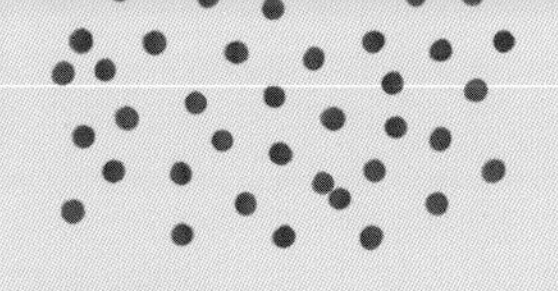

空气变热后四处分散。

冷空气涌入占据热空气原有的位置。

高压

空气变冷下沉，对地球表面施加的压力变大。

低压

空气变热上升，对地球表面施加的压力变小。

热空气

空气变热时，分子移动速度变快，四处分散，气流上升。

冷空气

空气变冷时，分子移动速度放缓，释放空间，气流集中，开始下沉。

知识圈

气候变化导致温度发生巨变，从而产生更大的热浪、更强劲的风、更长时间的干旱。天气变暖加快水汽蒸发，风暴天气也更加极端。

季节变化

地球绕着太阳转动，由此产生了四季。地球转动时，地轴略微倾斜。地球靠近太阳时，就是炎热的夏天；远离太阳时，就是寒冷的冬天。转动到不同的位置，地球的季节也因此不同。如今，气候变化正在影响每个季节的持续时间。

三月

北半球天气变暖，进入春天；南半球迎来秋天。

北半球
春天

赤道

南半球
秋天

北半球和南半球

地球被一条叫作赤道的假想线分成两半。赤道以北是北半球，赤道以南是南半球。北半球迎来夏天的时候，南半球迎来冬天，反之亦然。

六月

北半球靠近太阳，进入夏天，南半球进入寒冷的冬天。

夏天

树木枝繁叶茂，绿意盈盈，白昼更长。

昼长

夏天之所以热，是因为太阳早出晚归，并且阳光直射。冬天太阳晚出早归，阳光斜射。

南极的冬天，人们完全看不到太阳，特别冷。

赤道附近的区域昼长时间变化不大，常年炎热。

春天

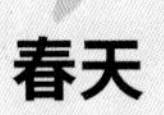

天气变暖，树木开始发芽长叶，小动物们迎来新生。

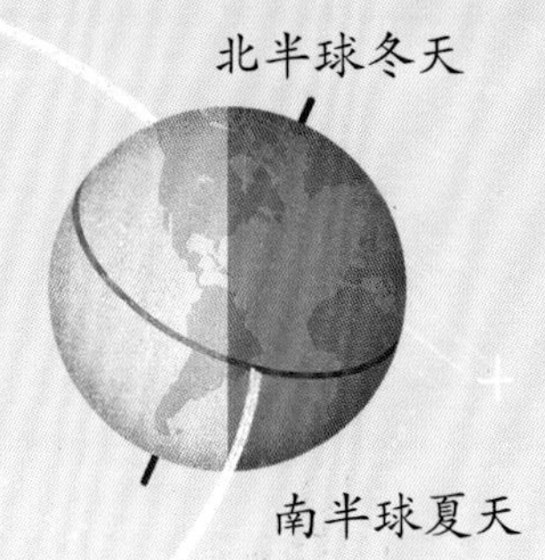

十二月

夜晚变长，北半球进入冬天，南半球进入炎热的夏天。

知识圈

气候变化正在改变着四季交替。温度小幅上升会让春天提前到来，让夏天更长更热，而冬天则更短。

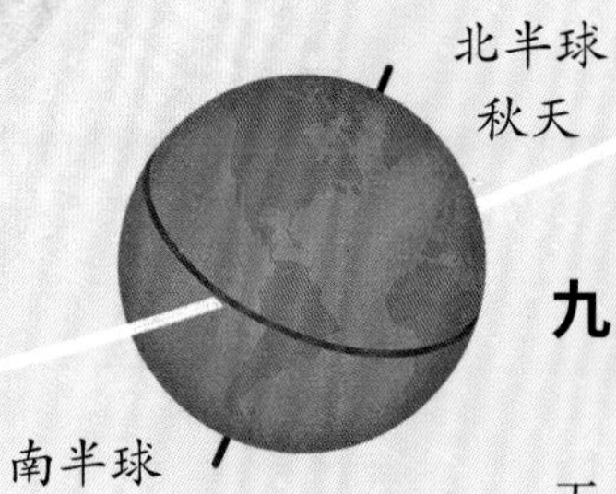

九月

北半球迎来凉爽的秋天，南半球迎来春天。

秋天

树叶变色，纷纷落下。白昼变短，夜晚变长。

陆地和海洋

季节相同，地域不同，情况也有所不同。夏天，陆地热得快，海洋热得慢；冬天，陆地冷得快，海洋温度则相对稳定。

远离海洋的地区，冬天极冷，夏天极热。

海边地区，夏天凉爽，冬天也不冷。

冬天

天气寒冷，时常伴着霜雪。大部分树木都变得光秃秃的。

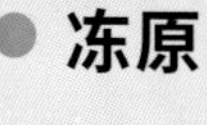

气候带

天气每天都在发生变化，而气候衡量的是一个地区大部分时间的天气特征。是炎热还是寒冷？是潮湿还是干燥？每个地区、每个气候类型都对当地动植物的种类有着很大的影响。气候变化可能会给野生动物和植物的生存带来新的挑战。

冻原

这里常年严寒，土地也被冰冻。大型植物无法在冻土扎根，只有小型植被，比如苔藓，才能在这里生存。

麋鹿皮毛有两层，提供双倍温暖。

大草原

在北美洲，草原区域被称作大草原。如同南美洲的大草原和亚洲的干草原，这些草原降水量非常小，树木无法生长。

牦牛成群结队在草原上吃草。

地图图例

- 冻原
- 针叶林
- 林地
- 雨林
- 稀树草原
- 沙漠
- 极地荒漠
- 大草原

树懒和高大的树木简直是绝配，树懒长长的四肢和尖尖的爪子能很好地抓住树枝。

企鹅皮肤下面有很多脂肪，能够抵御严寒。

雨林

赤道附近的天气常年温暖湿润，高大、密集的雨林生长于此，地球上近半的动物也生活在这里。

极地荒漠

北极和南极附近常年冰冷干燥，雨水极少，因此也被称作“荒漠”。

林地

林地树木秋天落叶，春天发芽，大树荫庇着这里很多的植物和动物。

针叶林

很多大型森林坐落于此区域，针叶林四季常青，也是很多动物赖以生存的家园。

知识圈

全球气温快速升高会影响所有气候带。极地地区变小，冻原地区开始融化。动物和植物无法适应这些变化，可能有灭绝的危险。

厚厚的羊毛“大衣”能帮助山羊抵御高山严寒天气。

赤道

山区

高山跨越了不同的气候带，山底是林地或者灌木丛，山顶则是皑皑白雪。

失去家园 26

稀树草原

草原上树木稀疏，全年大部分时候都很干燥，雨季降水集中且量大。

骆驼可以在没有水源的情况下行走数天，能在沙漠中生存。

沙漠

在炎热的沙漠地区，几乎常年无降水。没有水源，植物无法生存，动物也就没有了食物来源。白天似火烤般炎热，晚上又似冰冻般寒冷。

大象用长鼻子掘地汲水，为其他动物创造可以饮水的小水坑。

什么是温室效应？

温室效应，就是地球逐渐变暖的自然过程。温室气体调节太阳热量，让地球适合生物生存。但人类打破了空气中各种气体的平衡，如今，温室效应让全世界变得越来越热，全球气候也因此改变。

温室效应

温室效应怎么起作用？看看花园里的花房就知道了。阳光透过玻璃让室内空气变暖，花房四周的玻璃又把这份温暖留住。地球的空气或者说大气层就像这层玻璃。

热捕获

如果没有温室效应，地球上的温度会比现在低很多。地球的温度在一定程度上取决于空气中温室气体的多少。

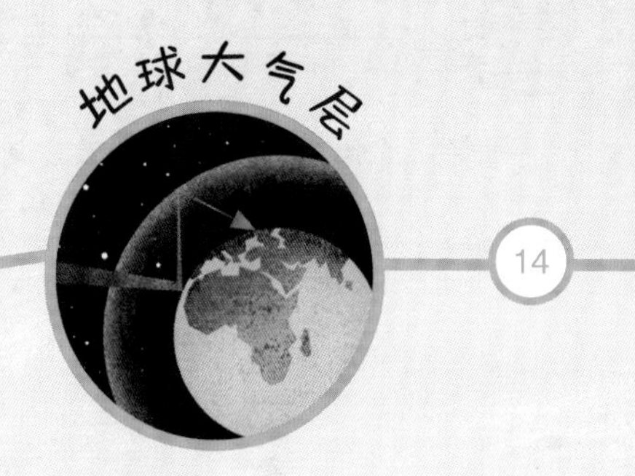

滋养生命

温室效应能够将地球上的海洋和河流的水温保持在刚刚好的程度。太阳系中除了地球之外，目前没有其他星球表面有液态水的存在。

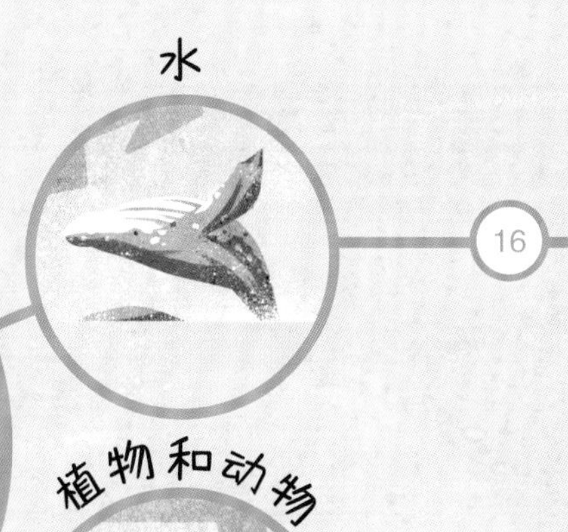

地球大气层

太阳光照进地球大气层，使地球表面变暖。自然的温室效应下，大气层像毯子一样吸收热量，阻止热量回流。但人类活动正在打破温室效应的平衡，继而严重影响了全球气候。

返回太空

地球表面产生的一小部分热能是看不见的，它们穿过大气层返回太空。

能量反射

部分光会被大气层中的气态物和灰尘反射回太空，还有一部分会被云层反射回去。

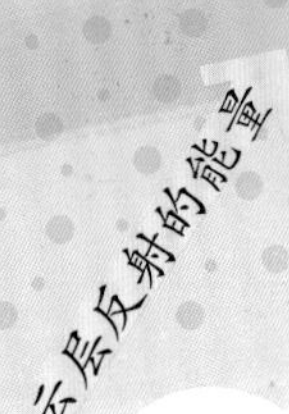

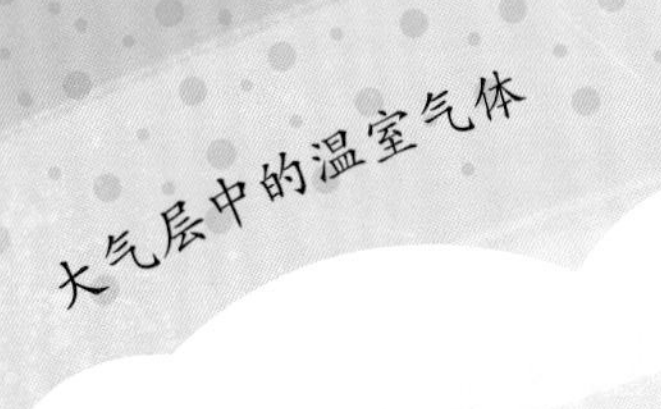

能量滞留

温室气体、水蒸气、灰尘让一部分能量滞留在大气层中。

吸收能量

到达地球的热能会被陆地和海洋大量、迅速吸收。

光能转化为热能

太阳光穿过空气直达地球，陆地和水流随之升温。之后大部分能量还会以无形的热能形式升到空中。

热层

这里空气稀薄，晚上气温很低。但是经过太阳直射后，这一层空气会变得非常热。

85千米

中间层

这是整个大气层最冷的部分。这一层的气体能燃烧陨石，从而阻止陨石撞击地球。

流星

彗星

大气层有几层？

大气层其实有很多层。最接近地球表面的一层叫对流层。温室效应使地球表面和对流层的温度升高。

50千米

平流层

这一层水分很少，云也很少。飞机通常在这一层穿行，以避免风暴影响。

30千米

空气的组成

空气由几种不同的气体组成。三类主要气体分别是：氮气、氧气和稀有气体，但它们跟温室效应并无关系。反而是其他占比小的气体吸收了热量，维持了地球所需。

氮气
约78%

氧气
约21%

稀有气体
约0.9%

温室气体
约0.1%

大气层中的温室气体包括二氧化碳、甲烷和水蒸气。

臭氧层

这一层能阻止有害的紫外线照射地球。

10千米

对流层

飞机

人类生活在对流层。在这里，水、灰尘、气体一起推动了天气的形成。

知识圈

人类活动导致温室气体增加，大气层吸收越来越多的热能，从而导致全球变暖。

水和生命

温室效应让地球成为温暖的居所，保证了水资源的供应。虽然各地、各季温度不同，但总体上都适合生物生存。而气候变化正在破坏这种平衡，威胁着地球上的生物。

极端生活

即便在最冷的地区，只要保暖得当，大部分人也是能生存的。但如果太热，生物就很难生存了。

地球上最冷的地方位于俄罗斯境内的奥伊米亚康。最低气温可以达到零下71℃。

地球上最热的地方位于伊朗的卢特沙漠，夏天气温可达71℃。太危险了，没人能在那里生活。

地球上的生命

水非常重要，没有水，就没有生命。地球上的生物体内充满了水，所有动物和植物的生存都依赖于水。

海洋中的生命

海洋生物种类很多，海洋也可以大量且快速吸收太阳能量，将太阳能带到世界各地。

陆地上的生命

除了最热和最冷的地方，动物植物遍布地球，水是它们赖以生存的源泉。

雪球地球

数亿年前，大气层还没有形成，当时的地球很有可能是冰封的。今时今日，如果我们失去大气层，那么厚厚的冰层就会覆盖陆地，海洋表面也会结冰，只有赤道附近还能残留几片水域。

太冷

如果没有让大气层升温的温室气体，陆地会被冰雪覆盖，大部分海洋也会结冰、冻住。地球平均气温会急剧下降，这就是科学家所说的“雪球地球”。此时，海洋中可能有生命存在，但是陆地上会是一片死寂。

太热

地球并非唯一拥有温室效应的星球。金星离太阳更近，它的大气层能吸收更多热量。在那里，下的是酸雨而不是正常雨水。

最适宜的温度

宇航员们把地球称为“金发姑娘”，就是因为地球和太阳的距离刚刚好，就像三只小熊[①]童话故事里的那碗粥一样，不太冷也不太热，正合适。

知识圈

众所周知，如果没有温室效应，地球上就不会有生命。但是温室效应太强，生命也无法存活。

---

① 《金发姑娘和三只小熊》：迷路的金发姑娘进入三只小熊的房子，她尝了三个碗里的粥，最后发现中间碗里的粥最可口，因为那是最适合她的，不烫不凉刚刚好。

什么导致了气候变化？

全球气候一直在变，过去是，现在是，将来也会是。在没有人为干预的情况下，这个变化是缓慢发生的，地球上的生物也总能找到适应新环境的办法。但是如今，人类活动正在加快这一进程，气候变化越来越快。

气候变化

气候是很长一段时间内天气情况的变化模式。当其中一个因素（如温度、降水等）产生波动时，气候也就发生了变化。

自然因素

自然因素作用下的气候变化是缓慢发生的，其中比较重要的因素有碳循环、冰期以及火山作用等。

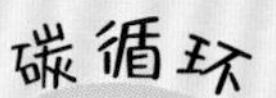

人类活动

人类通过燃烧燃料来开办工厂、制造汽车，还会砍伐森林进行农耕、建屋盖楼。这些活动导致了气候的快速变化。

冰期

过去几千年中，地球经历了两次自然变迁：从温暖的气候进入冰期，又重回温暖时代。冰期是全球气温持续降低的结果。发生变迁的原因是地球围绕太阳转动的轨道发生了变化，有时候更靠近，有时候更远离。这些是导致气候变化的主要原因。

猛犸象就生活在最近一次的大冰期。

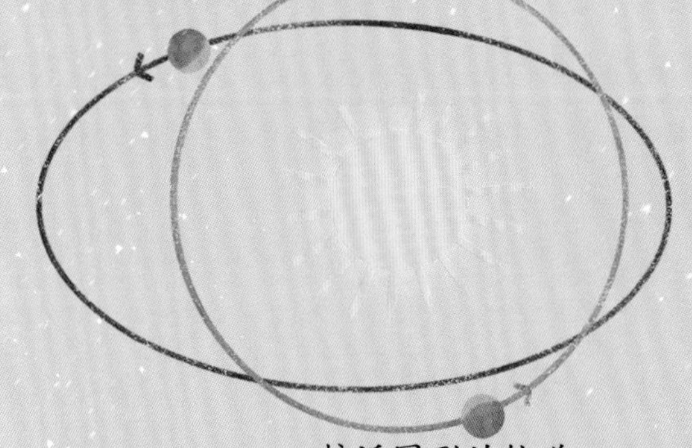

围绕太阳转动

当地球的转动轨道接近圆形时，能持续且稳定地从太阳获取能量。当轨道变成椭圆形时，能量的获取就会随着季节变化而不同，这也影响着全球气温的走势。

冰雪世界

在人们学会种植作物、建屋盖楼之前，全球正处于最近一次冰川时期中最冷的阶段。1/3的地球都被冰雪覆盖，有些冰层甚至有1.5千米那么厚。

剑齿虎

雪球地球 17

白色星球

长时间低温导致地球进入冰川时期，如果低温状态持续数年，极地冰盖就会蔓延开来。冰和雪都会反射太阳光线、让温度持续走低，冰川时期也会越来越长。

知识圈

太阳到达地球的能量减少时，地球温度下降；继而导致气候急剧变化，进入新一轮冰川时期。

火山

火山喷发会涌出高温岩石熔融体，简称岩浆。同时，火山喷发还会产生大量的火山云和火山烟，以及包括二氧化碳在内的温室气体。火山喷发出的烟雾能遮天蔽日，破坏大气中的臭氧层，持续数年影响全球气候。

火山云笼罩世界

火山喷发使得大量灰尘和烟雾进入空中，以剧烈的方式改变气候，这种“污染”会蔓延至全球。如今世界上的活火山大约有1 500座，这些火山带来的温室气体正在让全球变暖。

全球变暗

火山喷发产生的烟灰云会阻拦太阳的光和热，导致全球变暗变冷，在之后的数年中，全球气候都会受其影响。

气候控制 60

小冰河时期

大约700年前，火山喷发导致全球部分地区气温下降，异常寒冷，在很长一段时间里，许多河流处于冻结状态。

知识圈

短时间内，火山灰会导致全球变冷，但长期来看，火山喷发释放的温室气体会导致全球变暖。

碳循环

引起温室效应的主要是二氧化碳，也就是碳和氧的化合物。空气、岩石、土壤，甚至一切生物体内都有碳的存在。生物需要碳元素提供动力，然后通过自然循环系统中的碳循环，将二氧化碳排放到空气中。在碳循环中，任何一个环节的变动都会让温室效应发生变化。

制造能量

植物从空气中吸收二氧化碳和水，为自己和动物制造食物。

释放能量

植物和动物通过进食获得能量。它们的细胞通过氧化反应，释放能量，夜间又释放少量二氧化碳。

食物链

所有的生物都需要能量才能生存、成长。植物自己制造食物，动物以植物或者其他动物为食，碳化合物也因此随着食物链开始了循环。

有用的排泄物

死去的植物、动物的排泄物都会被土壤中的真菌和细菌分解消化，土壤因此会向空气中释放碳。

碳是如何循环的？

在平衡的碳循环系统中，二氧化碳气体从大气层进入生物、岩石、土壤中。动物和植物也会自然而然地将二氧化碳释放回大气层中。

埋藏的碳

有些含碳化合物被埋在地下，形成了化石燃料。煤炭、石油、天然气是死于数百万年前的动植物的残骸形成的。

煤炭是由植物遗体形成的。

恢复野生环境 53

使用化石燃料

煤炭、石油、天然气在燃烧时会释放大量热能，燃烧这些燃料以获得动力的工厂、汽车都会排放碳，这些碳会以二氧化碳的形式进入空中。

石油和天然气

数百种化学物质混合在一起，就形成了原油，我们称之为石油。数百万年前，微小的海洋生物残骸，在海床上形成厚厚的淤泥，石油由此形成。这些淤泥还产生了更小的化学物质，以气体的形式冒出来。人们使用石油和天然气为日常生活用到的许多工具提供动力。

知识圈

人们在不断挖掘、使用化石燃料的过程中，破坏了自然界的碳循环。二氧化碳在大气层中的堆积速度之快，已经远远超过自然系统所能承受的范围。

煤炭

树干被一层一层的岩石覆盖、挤压，逐渐形成了煤炭。

碳增加

人类大量燃烧化石燃料、过度农耕和畜牧、使用一氧化二氮等大强度温室气体，这些行为都让排放到大气的温室气体激增，破坏了自然界碳循环的平衡，继而导致大气变暖，造成气候变化。

水泥厂

我们建造家园和城市，都需要大量水泥和混凝土。而要生产这些，就要燃烧化石燃料来烤制石灰岩，而石灰岩的分解过程又会释放大量二氧化碳到大气层中。

石油、煤炭和天然气

人们每天需要的能源很多都来自于化石燃料，远海地区有石油钻井平台，地下深处有矿井，无论是钻探还是采矿，都会向大气层释放二氧化碳。

碳循环 22

碳过载

人们每天都在燃烧化石燃料，每天都在释放越来越多的二氧化碳，这已经超过了自然碳循环系统所能承受的范围。结果就是，过量的温室气体正在让全球变暖。

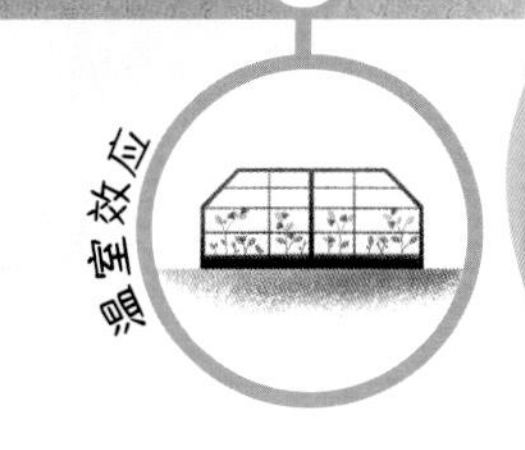

其他温室气体

人们产生的温室气体中，二氧化碳并非唯一。驾驶汽车、使用空调、饲养动物、喷施化肥等都会释放比二氧化碳更强劲的温室气体。

二氧化碳

其他气体

温室气体

如果把人类排放的温室气体都收集到一个气球中，那么大约3/4是二氧化碳，其他的都是更强劲的温室气体。这些气体比二氧化碳更容易消解，但短时期内对气候变化造成的影响却是巨大的。

氟化物

有些气体含氟，比如用于空调制冷和医疗吸入器的氟化物，它们的威力是二氧化碳的40倍！

肥料

肥料能帮助农作物生长，但肥料中含有大量一氧化二氮，它的威力是二氧化碳的300倍！

饲养动物

人类在全世界范围内养殖了数十亿牛、羊、猪，这些动物是肉类的主要来源。它们打嗝放屁会释放甲烷，而甲烷的威力是二氧化碳的23倍。

知识圈

无论是使用燃料、喷洒肥料、饲养动物，还是使用氟化物，都会使排向大气层的温室气体增加，这也是全球变暖的原因。

森林砍伐

森林中的植物能够吸收空气中的二氧化碳，释放人们赖以生存的氧气和水蒸气，让地球变得适合生存。如果树木被砍伐，二氧化碳就会集中被排放到大气层中。如今，平均每一秒就有一片足球场大小的森林被砍伐。

有害排放

人们开垦土地而砍伐森林，通常会把树木烧干净，而树木燃烧的过程又会释放二氧化碳。

太多二氧化碳

森林被砍伐后，它储存的二氧化碳会在短时间内被集中释放出来。

水土流失

树木越少，可以形成雨云的水蒸气就越少。土壤变得越来越干燥，越来越脆弱，植物很难生长。

破坏森林

森林被砍伐后，一方面可以空出土地，另一方面木材可以用作燃料。空出的土地可以建造城镇，也可以用来饲养家畜、种植作物。

森林里的生物

地球上几乎有一半的动植物生活在雨林中，但它们现在很多都面临失去家园的危机，而且无法在其他地方生存。

水蒸发

森林有助于控制地球的水循环。森林中的树木通过叶子释放水蒸气，这一过程被称为蒸腾作用。潮湿的水汽输送到大气层中，这就是雨林经常下雨的原因。

阳光和植物

植物通过阳光，利用空气中的二氧化碳和从土壤中汲取的水分，来制造含糖食物，这个过程就叫作光合作用。植物通过光合作用向大气层释放纯净的氧气。

知识圈

人们烧毁森林，排放大量二氧化碳，改变了大气层，增强了温室效应，导致全球变暖。

农耕问题

全世界范围内，人们的农耕方式都在影响着气候。现代的农耕方式旨在于短时间内生产更多的食物、养活更多的人。但是在同一块土地上年复一年地种植植物、使用化学肥料，也就意味着越来越多的温室气体被排放到大气层中。

肥料

大部分农民都会在土壤中添加肥料这类化学物质来促进作物生长。如果没有肥料，世界上生产的食物大约只能满足2/3的人类。但是肥料本身会产生温室气体，还会杀死能帮助植物将碳回收至土壤的真菌和细菌。

破坏碳循环

在荒野中，碳循环非常平衡。植物从土壤中汲取养分，繁茂生长。但如果森林被砍伐，空出的土地被用来不停地种植同样的植物，不仅碳排放会增加，土地也会因此被破坏，新植物根本无法生存。

土壤中的碳

土壤中的碳含量是空气中的四倍，是世界全部生物体内总量的五倍。人类的种植方式正在破坏土壤，释放原本储存在其中的碳。这些碳进入空气、成为二氧化碳，导致温室气体越来越多。

野化放归 52

世界各地的农耕

地球上1/3的土地都已经被人们开发为农场，用于种植食物。大量树木被砍伐，林地变农田，农业机械大量使用，肥料普遍运用，这一切都在破坏土壤，增加碳排放。

吃素还是吃荤？

比起饲养动物（可食用动物），同一片土地如果用来栽种植物，能养活更多的人。但有些地区太过干燥、常年刮风、岩石过多，不适合栽种植物，饲养动物才是最好的选择。

替代饮食 59

轮作

如果同一片土地反复种植同样的作物，土壤中的营养和矿物质就会流失，不再适合种植作物。所以，同一片土地，每一年耕种的作物最好有所区别。

休耕

要找到办法停止农耕活动对气候变化的影响，这一点非常重要。方法之一就是让土地休养生息，让野草自由生长。农民收割野草埋进土里，野草腐烂后会化成土壤里有用的矿物质。

知识圈

很多现代农耕方式都会破坏土壤，释放更多温室气体，破坏碳循环的平衡，极大导致了全球变暖和气候变化。

地球将会发生什么？

气候变化已经改变了我们的地球。全世界的平均气温都在爬升。未来，越来越多的冰会融化，海平面也会持续上升，极端天气将会频发，洪水、干旱、森林大火这些灾难也可预见。

我们的星球

气候变化将持续影响地球的各个角落。无论是海洋中的生物还是陆地上的生物，都无法迅速适应气温急剧上升或下降带来的挑战。极端天气频发和海平面的改变势必带来灾难。

极端天气

气候变化导致暴风雨频发，飓风、洪水随之而来。与此同时，世界上其他地方将会遭遇干旱和野火。

暴风雨

32

干旱

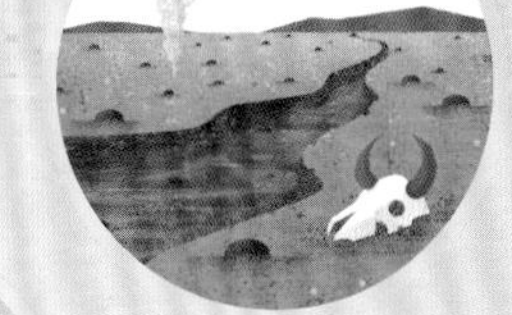

33

野火

33

海洋

气候变化、海洋升温导致海平面上升，改变了洋流走向。二氧化碳致使海洋中的化学物质发生变化。

海平面上升

34

洋流

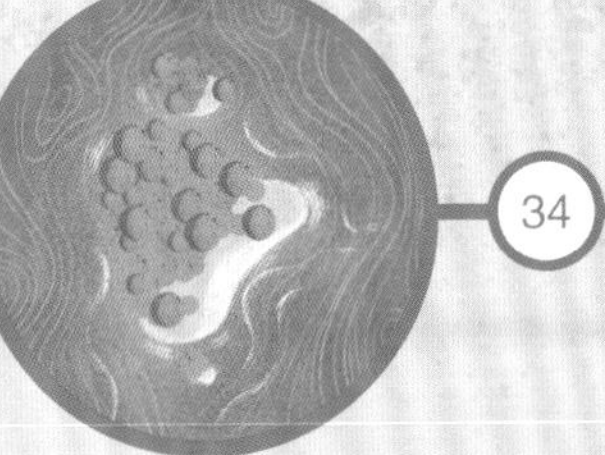

34

化学变化

36

天气变化

气候变化造成雨水增多，飓风频发，还会使某种天气模式在一个地区的持续时间变长。比如雨水天气持续数日，连绵不绝，引发洪水；降雨迟迟不来，又会引发干旱。如果我们放任气候变化不管，眼睁睁看着变化速度越来越快，那么结果只会更糟。

天气类型 6

雷暴天气频发

雷暴是非常危险的天气现象，会引发闪电和龙卷风。龙卷风在陆地上移动速度之快，足以摧毁整排房屋。而随着气候变化的发生，强劲的风暴甚至龙卷风都会变得常见。

飓风强度

在过去20年中，飓风的威力越来越强。气候变化导致海水表面温度上升，风暴速度变快，由此带来的洪水会大规模破坏农田，淹没海滨城市。

冻土融化

北极的大部分地区，土地常年冰冻，被称为永冻层。随着气候变暖，冻土开始融化，释放大量温室气体。

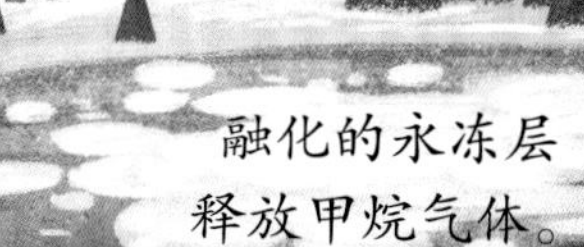

融化的永冻层释放甲烷气体。

野火

干旱让土地失去水分，森林和草地更容易着火。野火本是自然事件，但长期的干旱会让这些野火范围更大、烈焰更强。后果就是森林被毁，野生动物死去，人们的生命受到威胁。

干旱

气候变化会改变一个地区的降水情况。曾经雨水充沛的地区可能变得干旱，而干旱威胁着动物和植物的生命，这也就意味着人们赖以生存的作物无法生长。极端情况下，草原也可能变成沙漠。

干旱首先威胁的是植物。由于缺水，土壤遭到破坏，仅需几周的时间，植被就会枯萎。

大部分动物都会逃离野火，有些会藏在地下等待火焰熄灭。但所有动物都会失去家园，还有很多动物会失去生命。

气候带 11

知识圈

气候变化带来很多极端天气。如果气候变化持续不断，飓风将更猛烈，风暴频发，洪水肆虐，干旱成为常态，野火到处蔓延。

海平面上升

气候变化的重大影响之一就是会使海平面上升。海洋正在变暖，冰盖正在融化。随着水温升高，融化的范围增大，占据更多空间。这种变化足以造成近海洼地洪水频发，若是再加上风暴或飓风，则情况更甚。而这种现象，未来将会变得普遍。

冰盖

冰盖指的是覆盖在陆地上的一层厚冰。在遥远的内陆，冰盖时有新冰增加。当冰层与海洋相遇，大冰山会断裂融化。气候变化意味着新冰增加的速度赶不上冰山融化的速度，冰盖越来越少，直至消失。与此同时，海洋中的水则会越来越多。

专家认为，到2100年，海平面将上升至少30厘米。

水循环

6

扩张的海洋

随着气候变暖，海洋也在扩张，需要的空间越来越多，将逐渐溢出海岸线。而陆地上的冰川也在逐渐融化，越来越多的水流入海洋，导致海平面上升得更快。

洋流放缓

海洋中的洋流围绕整片海域流动，温暖的浅水和冰冷的深水不停运动。洋流是热量交换的通道，对于气候来说至关重要。海上冰川融化会使洋流放缓，继而导致部分地区温度下降，尤其是欧洲西部。

地图图例
- 温度低的水
- 温度高的水

费城
纽约
华盛顿
旧金山
洛杉矶
圣迭戈
新奥尔良
休斯顿
迈阿密
哈瓦那

改变地图

如果地球上的冰消失，世界地图将会面目全非。上涨的海水将没过今天的海岸线，洪水将冲进遥远的内陆。有些国家会变小，岛屿会消失，海滨城市将沉入海底。

融化的冰盖和变暖的海水会使海滨城市面临被洪水淹没的威胁。

随着海平面上升，纽约周围的河流和海洋水道将变宽变深。

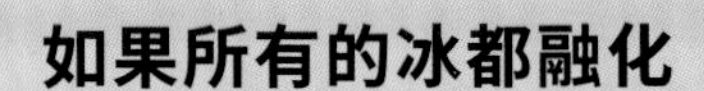

如果所有的冰都融化

如果地球上所有的冰盖都彻底融化，海平面至少会上升58米，几乎相当于14头大象垒起来的高度！这个过程需要上千年的时间，但我们必须做些什么，阻止这一切的发生。

纽约陷入危险

纽约四周几乎全是海洋，如果我们坐视这一切发生，那么上涨的海水就会淹没纽约，把它变成水下之城。

知识圈

气候变化使海水变暖，冰盖融化，海平面会逐渐上升。地势低的岛屿和地球上的海岸线都将被洪水淹没。

化学变化

气候变化不仅影响了陆地，也给海洋带来了很多问题。海水由很多物质组成：盐、温室气体里的二氧化碳等。二氧化碳和海水相互作用，产生碳酸，也就是能让碳酸饮料产生嘶嘶声音的物质。如今，这些增加的碳酸正在给海洋生物和它们的栖息地（例如珊瑚礁）带来危害。

健康的珊瑚礁

珊瑚虫是群居动物，之所以呈现出五颜六色是因为那些生活在它们体内的微小共生海藻。健康的珊瑚礁是生机勃勃的。超过1/4的海洋生物居住在珊瑚礁中或其周围。

健康的珊瑚礁能抵御风暴袭击海岸线。

水和生命 16

健康的外壳

螃蟹、蛤蜊、虾等水生有壳动物能将二氧化碳和水中的其他物质合成一种叫作碳酸钙的坚硬物质。这是外壳的主要物质。

不健康的珊瑚礁

海水中增多的酸化物抑制了珊瑚虫的生长。当海水变暖，珊瑚虫体内的海藻就会离开，珊瑚也会失去斑斓的颜色，变得全白。这就叫“珊瑚白化”。白化的珊瑚将更加脆弱，很可能得病或者死去。

世界上约有一半的珊瑚已经死去，专家们不确定它们是否还会在同一个地方重新生长。所有以珊瑚礁为生的动物都失去了赖以生存的家园。

知识圈

气候变化正在导致全球变暖。如果再持续下去，未来20年，所有的珊瑚礁都将消失，很多生活在其中的动物和植物也将从我们的视野中消失。

不健康的外壳

因为气候变化，海洋中的酸增加了，动物外壳的形成也受到阻碍。螃蟹、虾等甲壳类动物的壳也比以前薄了很多。

地球上的生命会怎样？

地球上的动植物都有自己的生活区域，这也叫作栖息地。气候变化正在导致地球快速升温。如果我们不采取措施进行阻止，大部分动植物的生活将变得愈加艰难，甚至无法生存。

生命

地球上生活着900万种不同类型的植物和动物，如果我们不作为，小至菌类大至鲸鱼，都会因为气候变化面临生存危机。

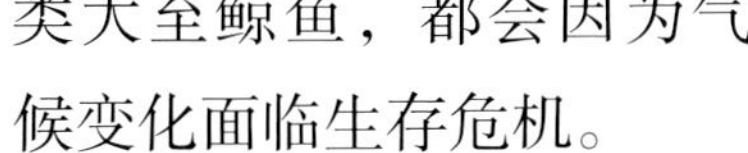

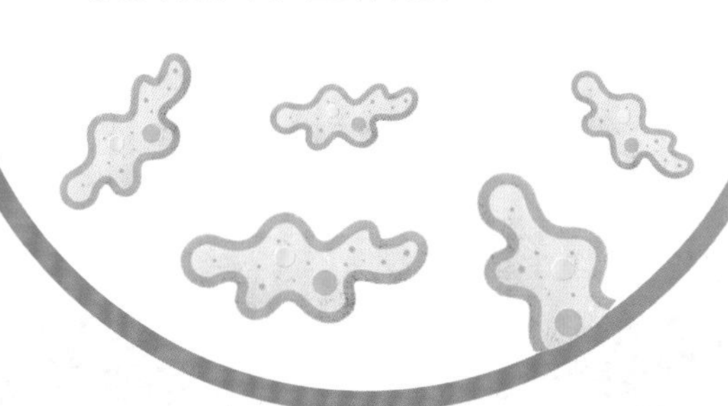

野生生物

动植物深受气候变化之害。很多已经面临灭绝。

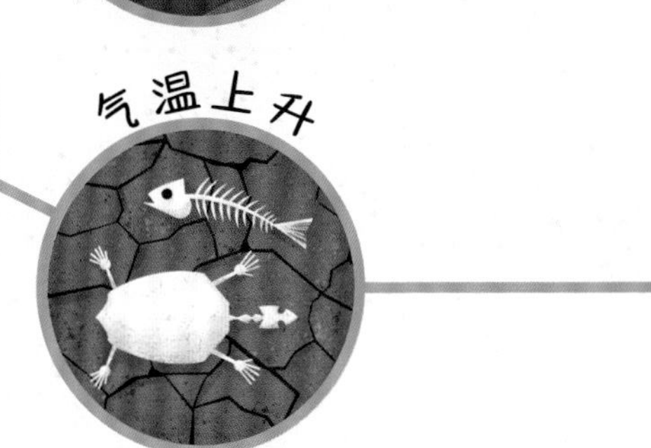

大量灭绝

40

气温上升

41

人类

气候变化已经影响了人类的生活。如果不加以制止，我们的家园将被洪水淹没，我们的庄稼将因干旱而死，我们也将遭受更多疾病的困扰。

洪水

42

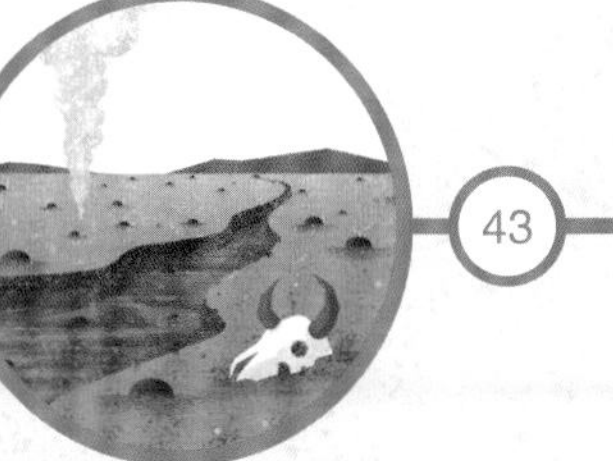

干旱

43

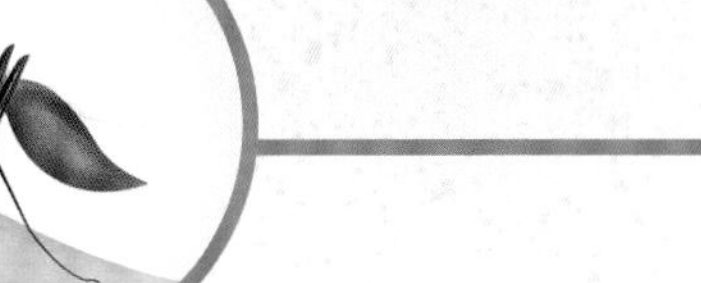

热带疾病

43

对野生生物的影响

如今气候快速变化导致全球变暖，新的疾病也蔓延开来，野生生物及其生存的家园受到威胁。动植物需要更多时间来逐步适应这些变化，如果我们不及时采取措施减缓气候变化，动植物将大量灭绝。

融冰

北极和南极变暖的速度比地球上其他地方都快。冰正在融化，融冰使得北极熊的生存受到威胁，因为海冰是北极熊猎食海豹的重要平台。

海冰

新的疾病

一种叫作夏威夷蜜旋木雀的小型鸟类正在陆续死于一种新的疾病，蚊子把这种疾病带到了太平洋的夏威夷。而蚊子在夏威夷能够生存正是因为气候变化导致夏威夷变暖。

夏威夷蜜旋木雀

蚊子生活在气候温热的地方。

极端天气

冬天，帝王蝶要一路向南迁徙，长途跋涉直到墨西哥。但是气候变化带来的恶劣风暴天气让很多帝王蝶没能完成这趟路程。

四季变化

随着气候变暖，春天植物复苏的时间也越来越早。它们需要像大黄蜂这样的飞虫传播花粉，但这个时候，昆虫往往还没有发育成熟。而没有昆虫的帮助，传播的花粉就越来越少，花儿也就越来越少了。

消失的海龟

海龟因为气候变化已经处于危险之中。海龟在热带海滩产卵，海平面上升、风暴变强等因素都在破坏海滩的生态。同时，给海龟提供食物的珊瑚礁也因为气候变暖遭到破坏。

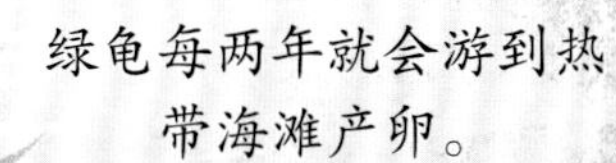

绿龟每两年就会游到热带海滩产卵。

寻找水源

亚洲象每天都要走很远的路去寻找水源。气候变化导致一些地区变得炎热，水源正在急速干涸。

植物毒药

帝王蝶幼虫靠马利筋的毒叶为生，正常情况下，叶子的毒性不足以伤害幼虫。但炎热的气候使叶子产生了更多毒素，远超幼虫所能承受的极限。于是，幼虫就无食可进了。

马利筋

亚洲象

知识圈

气候变化正在导致全球升温，而地球上的生物很难适应这一变化。如果全球持续升温，很多动植物都将死去，直至灭绝。

人类面临的险境

人们无法避免气候变化带来的影响。特大城市可能将不再适合人类生存，人们只能被迫搬离。食物的供应也将受到影响，部分地区还将出现食物短缺的情况。原本只在边远地区出现的疾病将迅速蔓延到全世界。

当城市被洪水淹没，被困的人们需通过直升机和船只获救。

极端天气
32

洪水

上升的海平面、频发的风暴天气都将对沿海地区产生重要的影响。强风暴雨还将“兴风作浪”，淹没海岸线，冲进城市和城镇，导致洪水泛滥。洪水会退，但是洪水造成的伤害无法退去。

科学家预测：在未来30年，将有400万人被迫另寻家园。

被迫搬离

又热又容易遭受洪灾的地方不适合生存，受气候变化影响的人们只能另寻家园，甚至跨洲搬迁，找到可以安家之处，重建城市。

热量过剩

近年，气候变化导致的干旱越来越频繁，持续时间越来越长，这对人类来说非常危险。炎热持续时间过长，不利于作物生长。雨水不足或过少会导致作物歉收、食物短缺。

疾病蔓延

很多致命的疾病，如疟疾、黄热病、西尼罗河病毒等的传播都是由蚊子等喜爱温热气候的叮咬昆虫引起的。随着全球变暖，这些会携带病毒的昆虫将在更多地方大量繁衍。

知识圈

人们需要生存之地来安排衣食住行。洪水、高温天气会迫使人们远离家园，寻找新居。

高温摧毁作物，也会让土地干旱、不适合作物生长。

农田毁坏

很多国家都受到了全球变暖的影响。无论是洪水还是干旱，都会破坏农田，使其不再适宜耕种，人们不得不去种植、食用不同的食物。

替代饮食 59

我们能阻止气候变化吗？

阻止气候变化，我们大有可为。人类的很多活动都需要石油、天然气、煤炭。这些化石燃料的燃烧会排放有害的、导致气温上升的温室气体。因此我们要节能减排，寻找替代能源，拒绝浪费。

停止！

阻止气候变化，意味着我们必须要做出改变。减少使用宝贵稀缺的能源，尽可能循环利用。我们必须齐心协力，解决气候问题。

碳足迹

每个人都有碳足迹，可以测算出我们每天的温室气体排放量，由此可以找到减排的办法。

46
48

可再生能源

风能、水能、太阳能都属于可再生能源。这种能源不会对空气或者水源造成污染。

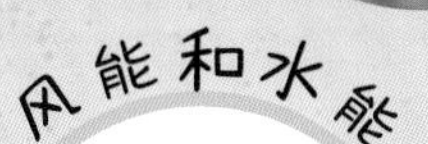

50
51

恢复野生环境

重建森林，回收二氧化碳，让自然变回自然，减缓气候变化的速度。

52
53

能源使用

每年，全世界人类活动产生的二氧化碳，是自然循环系统所能承受的两倍之多。额外留在大气层的这部分是造成全球变暖、气候变化的主因。有些人排放的碳比别人多得多，你的碳足迹有多少呢？

什么是碳足迹？

碳足迹可以衡量每人每天的活动产生了多少二氧化碳及其他温室气体，这些活动包括：购买、交通、饮食等。就如同真正的足迹一样，你的每一个活动都在地球上留下了痕迹，直接或者间接影响着气候变化。

产生污染的供暖

燃烧石油、天然气这些化石燃料可以给住所供暖。

一半的温室气体来自于发电站以及室内供暖产生的排放。

碳增加

24

产生污染的垃圾

垃圾场或废物填埋地的垃圾也会产生温室气体，比如甲烷和二氧化碳。

产生污染的燃料

以汽油和柴油为主要燃料的交通工具会排放大量二氧化碳，碳足迹很明显。

减少碳足迹

每个人的碳足迹不是固定的。在上一页，大家看到了导致气候变化的一些因素，这一页，大家将看到改变哪些日常行为能减少碳足迹。

绿色能源

我们完全可以用可再生能源代替化石燃料来发电、驱动汽车、给住所供暖。这样每个人的碳足迹都会减少。

可再生能源 50

太阳能

风能

绿色排放

减少物品使用量或延长物品的使用年限，尽可能循环利用，减少温室气体排放。

绿色出行

使用公共交通工具和电动汽车，减少碳足迹，当然，更好的交通方式是步行、骑车。

知识圈

每个人、每个社区、每家公司以及各国政府都可以通过改变日常生活方式来减少碳排放。对抗气候变化，人人有责。

电动汽车充电站

节能减排、重复使用、循环利用

为了对抗气候变化，我们要节约能源、减少浪费。在购买之前仔细想想是不是真的需要；购买的东西尽量反复使用；当物尽其用时，要以能源消耗最低的方式进行循环分解。

物尽其用之后再购买新的，否则就会造成不必要的污染，增加碳排放。

需要长途运输的食物，碳足迹高。

弃旧换新

大部分物品的碳足迹来自其生产过程。制造手机和电脑需要稀缺物质，会消耗大量能源。

食物浪费

据估算，全球1/3的食物都被浪费了。这些食物完全可以制成生物燃料，代替化石燃料，成为对抗气候变化的一种方式。

高碳足迹

在超市购物时，要想一想每个物品的碳足迹：要买一个全新带包装的吗？包装要丢弃的吧？旧的是不是还能用？

用完就扔，当然是最简单的方式，但当垃圾过剩的时候，就只能进行焚烧或填埋。其实很多东西都是可以循环再利用的。

低碳足迹

选择购物方式，对抗碳排放。问问店员，他们售卖的商品有没有过度包装？是不是本地生产？他们怎么处理回收循环的垃圾？

应季的本地食物碳足迹更低。

67

通常，只要替换某个零件就能让被损坏的手机或者电脑恢复使用。

不要扔！

东西坏了，别着急扔，也别急着买新的，先修一修，或者找人来帮忙。实在不行再买新的，或者也可以试试二手的。

回收电池

电池和饮料瓶很方便回收循环，这样能减少很多温室气体排放。

很多商家允许顾客购买散装水果和蔬菜。

如果你购买的商品需要包装，试试可循环利用的包装。

循环再利用

向店员询问是否可以使用自带的购物袋。循环使用可以减少碳排放，减少污染。

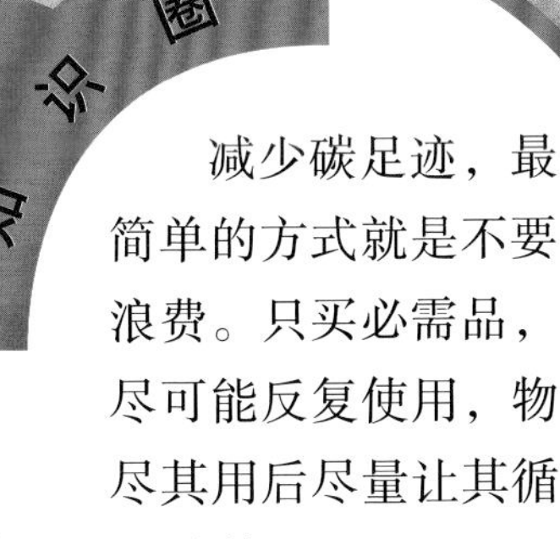
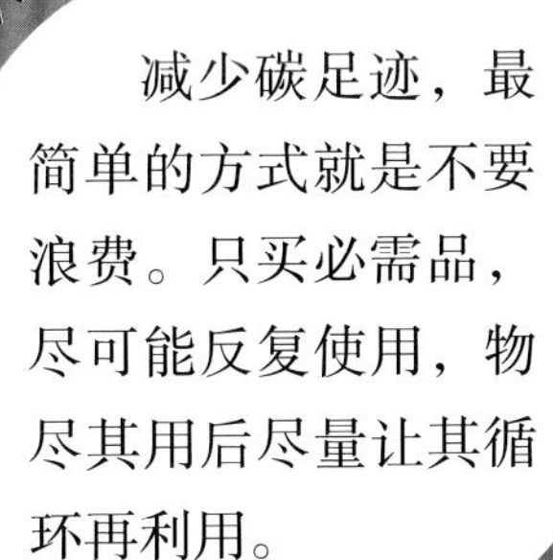

知识圈

减少碳足迹，最简单的方式就是不要浪费。只买必需品，尽可能反复使用，物尽其用后尽量让其循环再利用。

风能、水能、热能、光能

太阳一直照耀着地球，风一直在吹，水一直奔向大海，这些能量来源是可更新、可再生的。我们可以利用这些可再生能源来替代化石燃料，比如煤炭、石油、天然气，阻止气候变化，减少废物排放。

生物质能

木材和其他植物可用作固体燃料，也可以加工成可以燃烧的气体。虽然燃烧过程也会释放二氧化碳，但植物在成长过程中已经吸收了很多二氧化碳，所以两者情基本可以抵消，我们称之为：碳中和。

平衡举措

使用可再生能源可以阻止气候变化，但同时也会引起其他问题。比如用混凝土建造大坝会向大气释放很多二氧化碳，但水力发电本身没有任何碳排放。

水力发电

水力发电，大多是通过在河上建造大坝来实现的。这种可再生能源可以满足我们日常用电所需。

太阳能

太阳为所有的生物提供了能量。我们可以利用太阳能电池板收集太阳能，并将其转换成电能，为家居生活提供能量。

风力发电场也可以建在陆地上或浅海海边。

风能

风力涡轮机是装有叶片的高塔，风叶的转动可以将动能转化成电能。世界各地都有风吹过，很多风力发电场建在山顶上，就是为了捕捉强劲的风。

太阳能电池板可以固定在房顶、汽车、船只和卫星上。

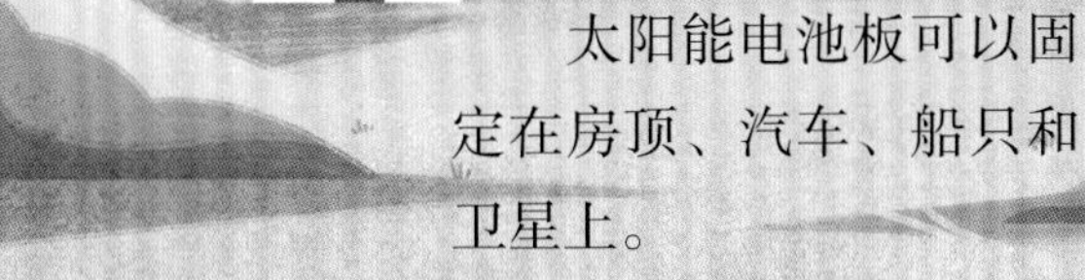

地热能

地热的意思是“来自地球的热量”。地球深处有火热的岩浆。在温泉和火山口附近的热能靠近地球表面，便于利用。

知识圈

水能、风能、太阳能取之不尽，用之不竭，而且不释放温室气体，因此不会导致气候变化。

重建森林、野化放归

修复人类对大自然的破坏，这一点很重要。森林、沼泽、湿地、其他动植物栖息地对二氧化碳的吸附能力都有助于对抗气候变化。但如果没有我们的保护，这些地方将不复存在。我们必须修复之前造成的破坏，重建生态平衡，让各种动植物生生不息。

森林砍伐 26

森林

树木能吸附大气层中的碳。但为了开荒拓耕，人类砍伐了大量森林。我们在保护老树的同时，也要种植新林。

大白鹭

红树林沼泽

红树林沼泽和潮汐盐沼能吸附大量碳，也能庇护海岸线免遭风暴侵害，就像一个天然的屏障，抵御洪水来袭。

野生动物

狼和其他野生动物在控制气候方面起着重要作用：鹿食用树的嫩枝，而狼捕食鹿，让森林得以成长。

达到平衡

长久以来，人类活动排放大量温室气体，改变了自然界的平衡，使得野生动植物处于危险之中。为了阻止气候变化，人类必须恢复生态平衡。其中一个举措就是退耕还林、恢复湿地。

湿地是陆地和水域的交汇处。

湿地

湿地物种丰富，能从空气中吸附大量碳。植物死去之后，也不会分解释放碳，相反，这些碳随植物埋入泥土，继续被封锁。

知识圈

大自然能够有效阻止气候变化。如果我们能保护好森林、海洋、湿地，它们就能够减少大气中二氧化碳的含量。

自然平衡

很多动物也在保护着栖息地的生态平衡。比如海狸建造水坝，减缓河水流动，促进新池塘和湿地的形成。植物因此得以更好地生长，吸附更多的碳。

拖网捕捞

渔船用拖网捕捞时，渔网会搅动海床，破坏海洋底部环境，将原本被吸附在水中的碳释放到空气中。最好的方式是用鱼竿和鱼线，还要注意的是，不要过度捕捞。

海洋的变化 36

沼泽

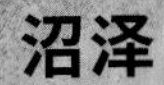

沼泽也是湿地的一种，沼泽中那些厚厚的、坚硬的泥炭其实是死草和枯叶经过几百年的时间沉淀而成的，它能吸附并锁住空气中的碳。

科技能解决问题吗？

科技能帮我们减缓气候变化。人类在清洁能源、无碳运输、碳捕集等方面取得了很多新进展，但真要取得效果，还需要我们在如何生活、如何使用能源、如何出行等方面做出正确的选择。

科技

研究人员正在寻找各种能够阻止气候变化的方法。他们通过科学、技术和工程手段寻找清洁能源以减少对地球的伤害，甚至在探索人类移民到另一个星球生活的可能性！

清洁能源

科学家正在寻找能源开发和储存的新方法，而这将改变我们的生活和出行方式，不再大量释放温室气体。

新能源

56

智慧科技

58

气候控制

大多数植物能自然地吸附空气中额外的碳。地质工程师正在寻找人工方法以解决这个问题。

碳捕集

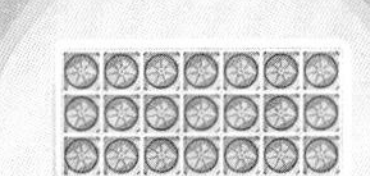

60

全球变暗

60

新家园

有人认为，地球无法逃离气候变化带来的灾难，人类最终还是要移民到其他星球。

移民火星

62

新能源

我们已经成功把一部分风能、太阳能转化成电能，现在最重要的是提升这些清洁技术的效能，将其以更低的成本在更大范围内推广应用。如果转化的电能供过于求，就要找到办法将这些额外的电能安全储存，需要时再释放。科学家正在寻找其他新能源，比如尝试用衣服和藻类做些实验。

海浪越大，收集的能量就越多。未来的发电系统一定要足够稳定，才能应对极端风暴天气。

波浪发电机会被海浪上下推动，过程中就会收集海浪翻滚带来的能量。

未来的智能服装

也许有一天，我们只需要“四处走走”就可以给手机充电。用特殊材料制成的智能服装可以从四肢的运动中收集能量。这种特殊材料会在运动过程中被抻长或是产生褶皱，由此释放电流。

海浪发电

海洋表面的波浪大多因风而起。科学家正在尝试用发电机来收集波浪带来的能量。难度很大，但仍然值得期待。

潮汐能

海水一天会经历两次涨潮落潮。海水日复一日的涨退本身就是巨大的可再生能源，我们要做的就是加以利用！

自然力量

植物、藻类以及一些细菌能够通过光合作用把太阳能转化成糖。科学家正在尝试仿效自然界的光合作用系统，将太阳能转化成油或者其他燃料，而非糖。

知识圈

我们已经在使用可再生能源，但需要加大使用量，相应减少化石燃料的使用，减缓气候变化。时间、金钱、政府支持都是必要的，刻不容缓。

潮汐泻湖中可以建造人工小岛。

河坝

潮汐大坝、河坝都可以捕捉入河口的能量。随着潮水流进流出，水轮机和发电机都能将水能转化成电能。

潮汐泻湖

从潮汐泻湖中汲取能量是非常有可能的。天然泻湖地处海边，被潮水填满后，就像一个巨大的岩石池。人工泻湖是专门为汲取潮汐能量而建造的。流进或流出泻湖的水流可以用来发电。

潮汐大坝是双向坝，通常建造在河流和海洋交汇的地方。

智慧科技

除了更环保地生活，我们还要更智慧地生活。智慧科技能让现有能源的使用更加充分。在不远的未来，所有的房屋和汽车都可以依靠清洁能源，比如太阳能电池板和水轮机收集的能量，而不再是石油、天然气。汽车也可以是电动的，不再依赖不可再生的汽油或者柴油。人们通过线上会议讨论工作，不用为了见面而满世界飞。

太阳能电池板

百叶窗自动升降，控制房间温度。

智能仪表控制水和电的使用量，确保不浪费。

电车正在充电

智能机器人帮助人们沟通，减少出行。

大型可充电电池储存暂时不用的电能。

交通

47

一方面要用电能代替汽油，另一方面也要减少新车的制造数量，因为生产过程中会释放大量的温室气体。共享汽车会成为解决方案之一。

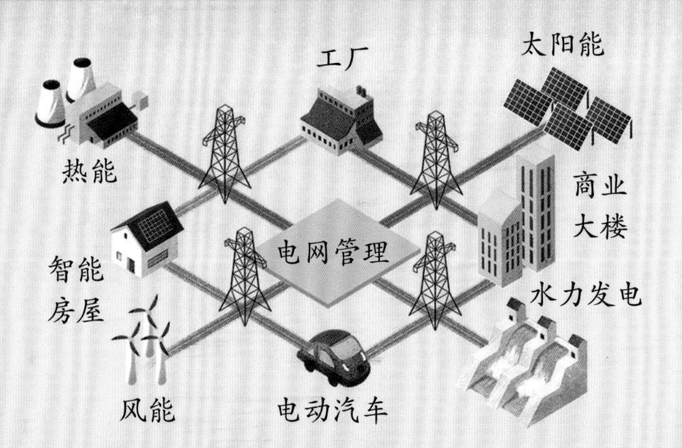

智能电网

如今，我们所有的电都来自于几个大型发电站。未来，供电的来源可能会增加：风能发电机、太阳能电池板、贮电厂。人工智能也将被用来监控整个供电系统。

房间利用太阳能电池板供电，如果有剩余电能，还能分享给邻居使用。

储存电能

新科技可以帮我们像储存液态空气一样储存电能。电动泵的工作原理是挤压空气直至将其变成液体。

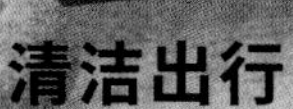
我们能做什么？ 66

清洁出行

未来，超级高铁会成为出行选择。超级高铁看起来像火车，但速度之快堪比喷气式飞机，能在更大程度上降低碳排放，跟如今的汽车、火车和飞机相比，对环境的污染更低。

未来的智慧房屋

新科技如果应用到房屋中，将会带来很大变化。太阳能电池板和风力涡轮机能储存能量，智慧照明和电器用具可以自动开关，节约能源、控制温度。

餐桌上的食物，其种植过程更加清洁，减缓气候变化。

转基因作物　　非转基因作物

低碳食物

我们很多食物的碳足迹很高。未来，我们必须认真思考替代方案。昆虫是低碳食物，容易养殖，生长速度很快。它们甚至可以把动物排泄物转变成健康食品。

改变农耕方式

在漫长的农耕时代中，农民们一直都在筛选每种作物中最好的种类。如今通过基因改造(简称GM)，作物可以好上加好。转基因农作物对燃料和化肥的依赖将会减少，可以在极端气候比如干旱的情况下生长，这些都是普通作物做不到的。

知识圈

如果要减缓或者阻止气候变化，我们就必须转变生活方式，改造生活所需物品。智慧科技如果使用得当，是可以帮助我们做到的。

气候控制

如今，科学家正在尝试用各种方法阻止气候快速变化，让地球降温，比如捕获碳，减少大气层中的碳含量，比如让全球变暗，减少照射到地球的太阳光线等。他们的很多想法还停留在理论层面，有待新技术开发才能真正实现。

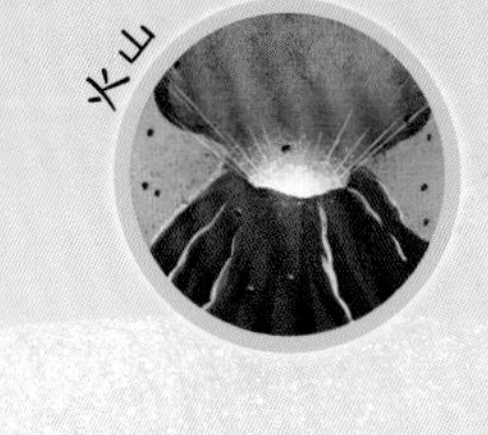

冷却地球

如果到达地面的太阳光线减少，地表温度就会下降，就像火山喷发之后，火山云阻挡太阳光，地球会降温一样，这就叫“全球变暗”。飞机喷发的灰尘进入大气层，导致全球气温降低，也可以改变空气中的物质，为水循环系统带来变化。

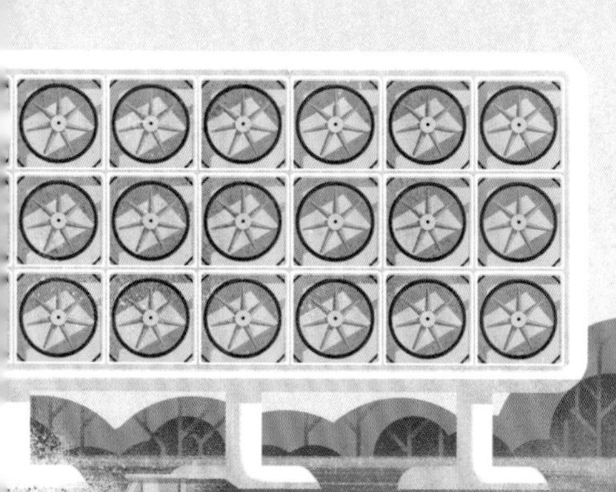

很多工程师希望能将捕获的碳转化成燃料。

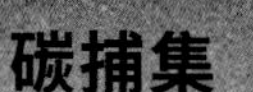

碳捕集

碳捕集系统能从空气中分离出二氧化碳，阻止温室效应刺激全球变暖。科学家已经找到了分离方式，目前正在研究如何大规模应用。

碳储存

如果二氧化碳能够被大规模捕获，下一步就是安全储存，避免泄露后再带来气候问题。可能性之一就是将其排入已经废弃的空油井中。

大自然的答案

树木能从大气中分离出二氧化碳并将其长期储存。种植新林、保护现有森林，能有效遏制全球变暖。科学家也正在研究如何快速种植更多树木，储存更多二氧化碳。

更明亮的地球

如果地球更白更亮，就可以反射更多的太阳能、太阳光，降低温室效应。一个可行的办法就是在空气中增加碘化银，这种物质能增加地球上空的云层数量和亮度，反射更多的太阳光。

反射太阳光

若海水呈现出更浅的颜色，便能将太阳光反射回去，阻止地表温度升高。科学家认为，轮船能将更多气流喷射到海面上，产生微小的气泡，使得海水呈现出的颜色更浅，从而反射更多的太阳光。

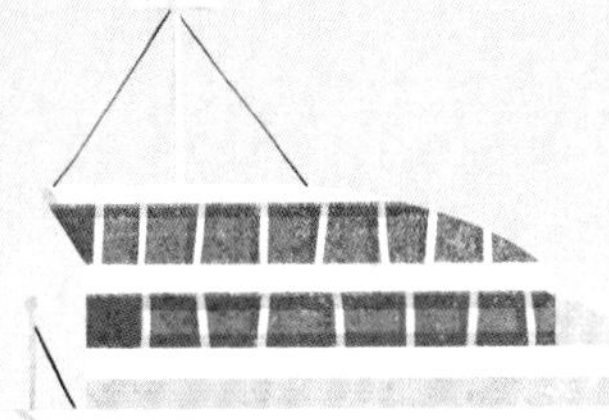

藻类和碳

科学家发现，海藻死亡后会携带着碳一起沉到海底。如果我们向大海注入更多养分，海藻生长茂盛，更多的碳也能被携带着沉入海底。但养分也会下沉，这就要求我们源源不断为海洋表面提供养分。

知识圈

科学家正在寻找更合理的办法，目前方案尚未找到，潜在的风险也要评估。开发能够阻止气候变化的技术，需要更多资金和时间的投入。

移民火星

气候变化的影响如此之大，以至于一些人认为移居另一个星球是更好的解决方案。目前，科学家认为唯一有可能的就是移居火星。但是移居过去问题也很多。当人们经过漫长旅途落地之时，没有氧气可以呼吸，没有饮水可用，没有食物可果腹，还需要重建住所。或许相比而言，保护好地球才是更好的出路。

飞到火星

到达火星并不容易，地球到火星的距离，是地球到月亮的距离的150多倍。乘坐宇宙飞船至少需要9个月才能到达。截至目前，只有机器人成功完成了这趟旅程。

火星家园

在火星表面居住可能非常危险，宇宙中的辐射将对人体造成很大伤害，如果移居火星，人们只能居住在地下。

食物和水源

截至目前，火星上还没有发现足够人类生活的水源。太阳光能够照射到温室里生长的水果和蔬菜，不过植物的生长本身也需要氧气，但火星上几乎没有氧气。

火星生活

火星很冷，夏天的温度有时也仅能达到零度上下，冬天比地球的极地还冷。如果在火星上安家，人们的房屋必须建得密不透风，而且因为没有氧气，很多东西都需要通过宇宙飞船从地球上运输过来。

宇宙飞船必须确保有充足的空间来承载抵达火星所需的所有燃料，还要确保整个旅途中机组人员有足够的食物、水源和空气。

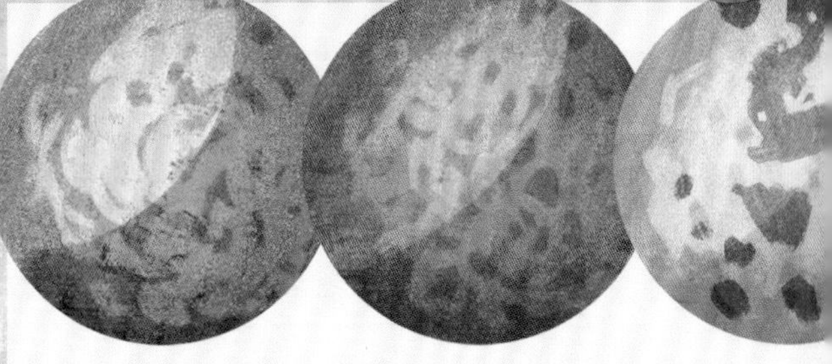

1.死去的藻类能让土壤充满活力。

2.藻类绿化火星。

3.火星温度升高，足以形成液态水。

地球化

生物学家认为，海藻和细菌可以改善火星的死气沉沉，将其改造成一个新的地球。即便有这种可能性，我们目前也还没有开发出可用的技术。

火星不如地球那样阳光充足，不过太阳能还是可以好好利用的。

小型核电站可以从地球运送过来，用于发电。

燃料和电力

火星上没有燃料、电力，虽然可以从太阳获取一定能量，但太阳能本身可能也不太够用。宇航员需要从地球运输物资，来制造燃料、发电。

可供呼吸的空气

火星上的空气大部分都是由二氧化碳组成的，没有人能撑过15秒以上，所以必须随时穿着宇航服。

知识圈

生活在火星所需要的新技术远比地球上所需的更难达到。我们必须找到阻止气候变化的办法，守卫我们的地球家园。

下一步做什么？

气候变化正在威胁着我们每个人，在一切无可挽救之前，我们要赶紧行动起来。无论是各国领导人，大公司，还是个人，我们都可以做些改变。我们要同心协力，拯救我们的家园和生活在这个家园中的生命。

下一步

世界各国政府要对下一步工作达成共识，然后在自己国家推行相关施措。每个人都是其中重要的一环。

同心协力

气候科学家正在研究气候变化，并致力于找到解决方案。各国政府部门不妨听一听他们的建议，采取行动。

气候科学家

66

政府

66

全球气候协定

66

个人

你和你的家人都是节能减排中重要的一环，想一想每天做的事情，可以怎么改进？你的决定，将影响大公司做什么，市场销售什么。

出行

67

碳足迹

67

食物

67

我们能做什么？

全世界的人们都在了解气候变化，并开始采取行动。很多国家需要密切合作，做出巨大改变，如果世界各国政府和领导人都能关注可再生能源，重建野生环境，改变交通方式，那么我们还有时间挽救这一切。

可再生能源

用可再生能源发电，减少化石燃料的使用，控制温室气体的排放。

退耕还林

在全世界范围内多植新林，减少温室气体的排放。

交通

开发更清洁的交通方式，是对抗气候变化的重要举措。

世界首脑会议

世界各国首脑要定期开会，商讨相关措施，规范大公司的行为方式，控制气候变化。

研究和科技

全世界的气候科学家正在协力工作，以更好地理解气候变化，为世界各国首脑提供更加科学的决策依据。

你能做什么？

每天改变一点点，就能有效预防一场气候变化带来的灾难。看看自己每天的碳足迹吧：吃了什么，如何出行，买了什么，穿了什么。节能减排、重复使用、循环利用，尽可能为节能减排发声。带动社群一起参与，做出改变。

出行

尽量减少汽车或者飞机出行，短途可步行或者骑车，长途可乘坐公共交通工具。

居家

减少居家时的能源消耗。冬天，减少中央空调的使用，多穿一点取暖；夏天，拉下百叶窗，试着用风扇代替空调。冷水洗衣，少用烘干机。

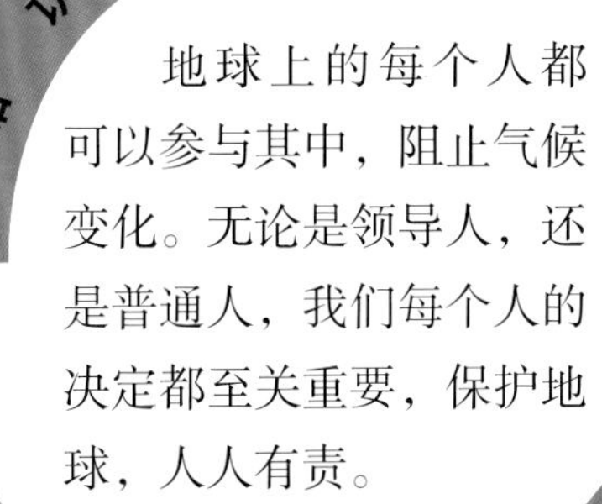

知识圈

地球上的每个人都可以参与其中，阻止气候变化。无论是领导人，还是普通人，我们每个人的决定都至关重要，保护地球，人人有责。

食物

购买当地食材，减少运输过程产生的碳排放，少吃肉，多吃菜。

衣服

改造旧衣，少购新衣。不穿的衣服可以交给二手店，很有意思，而且很环保，也可以购买二手衣。

广而告之

帮助其他人减少碳足迹。向你身边的人解释目前的问题，多多传播保护地球的观念，大家一起节能减排。

我们可以阻止气候变化！

我们一起并肩战斗！

词汇表

冰层
覆盖陆地的一层冰。

冰川
巨大的冰块，移动速度缓慢，最终汇入大海。

冰盖
覆盖北极和南极的厚厚冰雪层。

冰期
地球历史上极其冷的一段时间，彼时地球表面大部分都被冰覆盖。

冰山
漂浮在海面上的巨大冰块。

臭氧层
高层大气中的稀薄气层，臭氧浓度高，能吸收太阳光中的有害射线。

大气层
环绕地球的气层和云层。

地表侵蚀
地球表面被风、水或冰冲蚀。

地热
地球深处的热量。

冻土
常年冰冻的土壤，即便在仲夏时节也不会融化。

二氧化碳
存在于空气中，是动植物排出的主要气体和植物合成食物的主要原料。燃烧化石燃料也会排放二氧化碳。大气层中过多二氧化碳，会导致气候变化。

分子
联结在一起的原子组合，万事万物皆由分子组成。

风力发电场
风力涡轮机组，能将风能转化成电能。

风力涡轮机
现代化风车设备，叶片随风转动，产生电能。

光合作用
植物吸收太阳能，将二氧化碳和水转化成含糖食物的过程。光合作用能释放氧气。

轨道
宇宙中一个星球绕着另一个星球转动的路线，比如月亮、星星的运行轨迹。

海藻
一种具有植物属性的小生物，能从阳光中获取能量并将其转化为含糖食物。

化肥
让植物长得更快、更好的化学物质。

化石燃料
可提供能量的燃料，如煤炭、石油、天然气，通常是从死于数百万年前的动植物残骸中提取的。

恢复野生环境
恢复曾经因为农耕、采矿等人类活动而被破坏的自然、野生生态环境。

可再生能源
自然界可以循环再生的能源，比如风能、水能、太阳能。

垃圾填埋场
人们填埋垃圾的地方。

冷凝
气体变成液体的过程，通常是因为温度变低。

灭绝
一种动物或者植物永久消失。

能源工厂
发电的地方。

气候
对一个地区一段时间内天气现象的综合描述。

气候带
气候相同的地域集合，例如：沙漠是一个气候带，雨林也是。

栖息地
动植物生活、生长和繁衍的主要地区。

气压
指作用在单位面积上的大气压力。

全球变暗

空气中的烟和灰阻挡太阳光和热抵达地球，地球温度因此逐渐下降。

全球变暖

二氧化碳和其他温室气体将热量拦截在大气层中，地球温度因此升高。

珊瑚白化

珊瑚变白，不再五彩斑斓。通常是气候变化所致。

牲畜

被人类养殖以获取肉类的动物。

生物燃料

植物、动物排泄物、玉米等作物形成的燃料。

食物链

生物之间互为食物、相互依存的关系，如链条一般环环相扣。例如：植食动物以植物为食，肉食动物又以植食动物为食。

水力发电

通过水流运动产生电能。

水循环

通过水的蒸发、水汽输送、凝结降落、下渗和径流等环节，不断发生的周而复始的运动过程。

水蒸气

水的气体形态。

太阳能电池板

通过使用太阳能电池，将太阳能转化成电能。

碳排放

二氧化碳被释放到地球大气层中。

碳循环

碳原子从空气进入生物体内、土壤中，再被排放到空气中，周而复始、持续反复的过程。

碳中和

某种行为产生的二氧化碳和其吸收的二氧化碳数量相抵。

碳足迹

用于衡量人类活动排放的二氧化碳量。

天气

地球某个地方此时此刻的天气状况。

退耕还林

在森林被砍伐的地方，重新种植树木。

温室气体

能产生温室效应的，以二氧化碳为代表的气体。

温室效应

大气层中的部分气体拦截太阳释放的热量，阻止其反射到太空中的过程。

污染

有毒物质进入其所在的空气、陆地、水源，对人体造成伤害。

细菌

单细胞微生物，大部分细菌只有用显微镜才能看到。

循环再利用

将废弃物变成全新的、可用物品的过程。

洋流

强劲的水流，能穿越海洋或湖泊。

氧气

空气中的气体，是大部分动物生存所必需的气体。

野火

不受控制的大火，席卷森林、草地，烧毁一切。

蒸发

液体变成气体的过程，通常是因为温度变高。

智慧科技

现代化机械和科技手段，能够收集数据，并使用人工智能执行任务。

索引

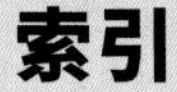

图书在版编目（CIP）数据

如何阻止气候变化？ / (英) 汤姆·杰克逊著；(克罗) 德拉更·考迪克绘；大南南译. -- 北京：中译出版社，2023.3

（思考世界的孩子）

书名原文：How Do We Stop Climate Change?

ISBN 978-7-5001-7230-7

Ⅰ. ①如… Ⅱ. ①汤… ②德… ③大… Ⅲ. ①气候变化—儿童读物 Ⅳ. ①P467-49

中国版本图书馆CIP数据核字(2022)第208523号

著作权合同登记号：图字01-2022-4242

审图号：GS京（2022）0907号

如何阻止气候变化？

RUHE ZUZHI QIHOU BIANHUA?

策划编辑：胡婧尔　吴第

责任编辑：刘育红

营销编辑：李珊珊

文字编辑：张婷婷

特约审校：朱宇晨

出版发行：中译出版社

地　　址：北京市西城区新街口外大街28号普天德胜大厦主楼4层

电　　话：（010）68359827，68359303（发行部）；（010）68002876（编辑部）

邮　　编：100088

电子邮箱：book@ctph.com.cn

网　　址：http://www.ctph.com.cn

印　　刷：北京博海升彩色印刷有限公司

经　　销：新华书店

规　　格：889毫米 × 1194毫米　1/16

印　　张：4.5

字　　数：34千字

版　　次：2023年3月第一版

印　　次：2023年3月第一次

ISBN 978-7-5001-7230-7　　定价：76.00 元